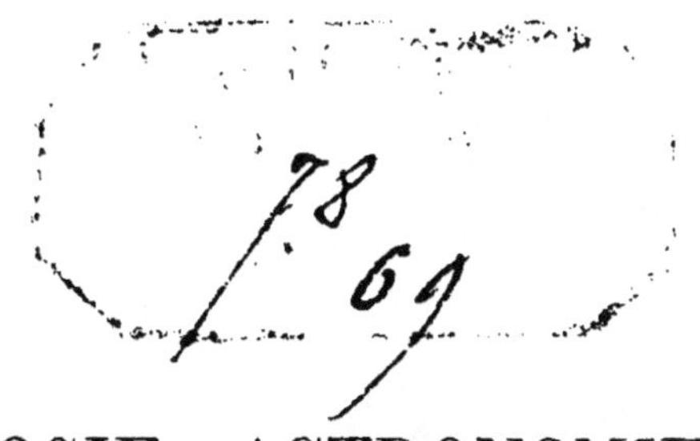

MÉTÉOROLOGIE - ASTRONOMIE

La Connaissance

DES TEMPS.

MÉTÉOROLOGIE ET ASTRONOMIE.

LA
CONNAISSANCE DES TEMPS

MOYEN DE SE FAMILIARISER AVEC LES MÉTÉORES PRODUITS
PAR LES COMBINAISONS DE L'ATMOSPHÈRE,
ET DE PRÉVOIR LES CHANGEMENTS DE TEMPÉRATURE,

TELS QUE:

Beau temps - Pluie - Neige - Inondations
Vent - Tempête - Froid - Chaleur, etc.

par **F. X. MEISSONNIER**,

Membre de l'Association Scientifique de France, membre de la Société d'Astronomie, etc.

Ouvrage trè.-utile, reposant sur des données positives, et dédié à l'Agriculture, au Commerce et à la Navigation.

PARIS,
J. ROUSSEAU, LIB.-ÉDITEUR,
rue d'Antin, 15.

AVIGNON,
TYP. H. OFFRAY FILS,
place Saint-Didier, 11.

AVANT-PROPOS.

Personne n'a jamais contesté les services réels que les connaissances météorologiques peuvent rendre à l'agriculture, au commerce et à la navigation. Que de récoltes sauvées, que de maladies prévenues, que d'accidents évités, que de sinistres conjurés, que de voyages heureusement conduits, si l'homme pouvait prévoir le temps de demain, de la semaine, du mois prochain ! Aussi, tous les peuples se sont-ils appliqués à l'observation des phénomènes pour en tirer des instructions sur le temps à venir.

Les Chaldéens passent pour avoir prêté la plus grande attention à tous les phénomènes célestes, et avoir, les premiers, formulé les principes rudimentaires de la science astronomique. Les Egyptiens avaient une raison particulière d'imiter leurs voisins, eux, dont la richesse ou la pauvreté dépendait de pluies périodiques qui, ayant lieu vers les sources de leur fleuve, le nil, leur donnaient, tantôt l'abondance et tantôt la stérilité. Les Perses connaissaient le cours régulier des astres et prêtaient à certains d'entre eux une influence qui, si elle n'était pas toujours réelle, prouve au moins l'importance qu'ils attachaient à l'astronomie.

Plus tard, les Grecs et les Romains furent aussi des peuples astronomes. Ce qui le prouve, c'est le rôle important que jouait, chez eux, l'astrologie. L'astrologie, qui attribuait au concours de certains astres une influence véritable, souvent importante, quelquefois capitale sur la vie humaine et sociale, sur les faits particuliers et généraux des individus et des nations, mérite assurément qu'on la dédaigne comme une puérilité ; mais, ceux qui la pratiquaient et lui accordaient crédit, croyaient qu'il y a des relations certaines entre les phénomènes du ciel et ceux de la terre. Ces relations existent en effet, et il appartenait à la science moderne de les découvrir et de les formuler. Sans doute, tout n'est pas vrai dans les systèmes qui ont paru, dans le dessein de lier, les uns aux autres, les faits météorologiques de la veille à ceux du lendemain ; mais il est certain que l'agriculteur, le commerçant, le navigateur, ont déjà tiré les plus grands avantages de la part de vérité que renferment ces systèmes. Il faut de patientes, de nombreuses observations pour découvrir les causes si multipliées, si variées de certains phénomènes; mais est-ce une raison pour se décourager ? Nous croyons, au contraire, qu'il ne faut jamais se lasser d'observer, de recueillir et de comparer. Témoins, chaque jour, des effets, pourquoi ne parviendrions-nous pas à la connaissance des causes, et connaissant celles-ci, pourquoi ne pourrions-nous prévoir ceux-là ?

Quant à nous, depuis longues années, nous n'avons pas un seul jour fait défaut a la tâche laborieuse que nous nous sommes faite d'observer les faits météorologiques. Nous ne nous flattons pas d'avoir dérobé à la nature une somme immense de vérité ; mais nous croyons sincèrement en avoir découvert quelques-unes d'utiles et de précieuses. Par une analyse minutieuse et faite avec une attention répétée et soutenue, il nous a été donné de formuler des principes dont ces pages feront l'exposition. Notre système, facilement intelligible pour tout le monde et dont la valeur peut aussi facilement recevoir le contrôle de tous, chaque jour, aura, nous l'espérons, le succès des plus grandes vérités pratiques. Le petit livre où nous l'exposons a sa place assurée dans la ferme et sur le navire comme dans le cabinet du savant.

Pour le rendre plus attrayant et plus utile, il nous a paru bon d'y faire entrer le résumé de tout ce qui a paru de plus intéressant sur des questions qui piquent si vivement la curiosité humaine et dont la solution a une importance si souvent capitale.

Ce petit ouvrage sera donc divisé en quatre chapitres. Le premier contiendra quelques notions astronomiques et météorologiques dont la connaissance est nécessaire à l'intelligence de notre système ; le second contiendra l'exposé des principaux signes précurseurs des temps connus de tout le monde ; le troisième donnera l'analyse des principaux systèmes de la prescience du temps, inventés par plusieurs savants ; et enfin, le quatrième sera consacré à l'exposition de notre système, fruit de 14 ans de longues et laborieuses observations.

MÉTÉORLOGIE ET ASTROLOGIE

LA CONNAISSANCE DES TEMPS

CHAPITRE PREMIER.

Notions d'Astronomie et de Météorologie indispensables à tous ceux qui veulent observer les changements de temps.

Atmosphère. On entend par ce mot la couche d'air qui enveloppe la terre de toute part à une hauteur d'environ 60 kilomètres ou 15 lieues. Tout le monde en connait la légèreté, mais aussi la puissance. En repos et tranquille, elle respecte les fils d'une toile d'araignée et laisse une plume sans mouvement par terre ; à peine agitée, c'est un zéphir qui courbe gracieusement la cîme des arbres et fait onduler les moissons ; irritée et furieuse, elle déracine les arbres les plus forts, renverse les monuments les plus solides et produit, sur terre ces trombes et ces ouragans et dans la mer ces cyclones et ces tempêtes dont les effets sont si désastreux. C'est dans le sein de l'Atmosphère que les nuages se forment, voyagent, demeurent suspendus, se dissipent ou se résolvent en pluie.

L'Atmosphère, en réflétant les rayons du soleil avant son apparition à l'horizon, nous donne l'aurore qui prépare nos yeux à sa lumière et le crépuscule du soir qui empêche l'obscurité de la nuit d'arriver brusque et complète, comme elle arrive dans un appartement lorsqu'on éteint tout-à-coup la lampe qui l'éclairait. L'Atmosphère absorbe et transforme les émanations qui proviennent de la décomposition des corps ; elle entretient la vie en fournissant à chaque corps organisé l'élément qui lui convient. C'est à travers ses couches plus ou moins épaisses, que nous apparaissent les astres dont la vue nous apprendra, si elles sont modifiées par la chaleur, le froid, le vent, l'humidité, et quels phénomènes annoncent ces modifications.

L'air de l'Atmophère est un fluide électrique compressible, transparent, légèrement coloré en bleu. Il se compose à l'état normal :

de 20 parties quatre-cinquièmes d'oxigène,
de 79 parties, un cinquième d'azote,
de 3 à 6 dix-millièmes d'acide carbonique,
et de 6 à 9 milliémes de vapeur d'eau.

Il peut en outre contenir accidentellement des molécules minéraux et même métalliques.

L'Atmosphère est susceptible d'une tempéra-ure qui varie selon les climats et les saisons de-uis le froid le plus intense jusqu'à la chaleur la lus étouffante. La chaleur est en permanence lans la zone torride ; le froid règne toujours dans es régions polaires et l'humidité sur la surface les mers. Les couches de l'atmosphère de densité négale sont plus épaisses vers la terre et se ra-éfient de plus en plus en s'élevant vers les cieux mesure que la pression diminue.

L'Atmosphère presse les corps à raison de 15 ivres par pouce carré : à ce compte chacun de ous porte un fardeau de 17,000 kilogr. ; nous e nous en apercevons pas cependant à cause ue ce poids nous presse également de tous côtés. 'est ainsi que le poisson nage et se meut à l'aise lans l'Océan sans être gêné le moins du monde ar le poids de la lourde colonne d'air qui est sur a tête.

Voilà le théâtre immense où ont lieu les divers hénomènes aqueux, aériens, ignés et mixtes lont il importe de connaître les causes et les ésultats.

Phénomènes aqueux.—Le *Serein* est une pluie ine qui tombe le soir dans le mois le plus chaud le l'année sans obscurcir l'atmosphère ; il pro-vient de la vapeur d'eau qui est dans l'air à l'état le gaz invisible et qui se condense lorsque la empérature, très-chaude pendant le jour, vient se refroidir le soir.

La *Rosée* est la condensation de la vapeur d'eau répandue dans l'air, qui s'attache en forme de gouttelettes aux corps refroidis pendant la nuit. Elle est plus ou moins abondante selon que les corps perdent plus ou moins facilement le degré de chaleur qu'ils avaient acquise pendant le jour : elle n'a jamais lieu que par un ciel pur et en l'absence de tout vent.

La Rosée devient *Gelée Blanche* quand la température des corps qui la reçoivent descend au-dessous de zéro.

La *Gélée Blanche* peut faire beaucoup de mal quand elle a lieu au printemps et au commencement de l'été ; mais la *lune Rousse* n'y est pour rien. Ce phénomène est dû uniquement à la sérénité du ciel, à l'absence du vent et au refroidissement qui en est la suite.

Les *Brouillards* sont des masses de globules d'eau, que le contact d'une surface plus chaude que l'air fait évaporer, et qu'une température froide retient ensuite. On voit souvent sur les montagnes des brouillards paraître, disparaître selon que la terre humide est plus ou moins chaude que l'air. C'est par la même raison qu'ils se forment facilement en hiver au-dessus des rivières. A cette époque de l'année la surface de l'eau est souvent plus chaude que ne le sont les couches d'air qui l'environnent.

Si la vapeur d'eau qui sature l'air est condensée par le froid, elle se change en *neige* et tombe sur le sol en flocons qui affectent diverses formes régulières. On a raison de dire que la neige, en hiver, recouvre la terre comme d'un manteau et empêche ainsi le froid d'attaquer et de brûler les plantes.

Le *Grésil* doit son origine comme la neige à la condensation de la vapeur d'eau.

Mais la *Grêle*, comment se forme-t-elle et pourquoi est-elle quelquefois lancée avec une violence extraordinaire? les physiciens répondent à la première question en supposant un refroidissement, et à la seconde en supposant un ballottement des vésicules glacés entre deux nuages différemment électrisés ou variant beaucoup de température. Il peut arriver aussi que des gouttes de pluie rencontrent, en descendant, des couches d'air très froides, se glacent, se réunissent et, devenues plus pesantes, acquièrent en tombant une grande vitesse.

PHENOMÈNES AÉRIENS. — Le *vent* : C'est l'air en mouvement. Deux causes principales le produisent : les pluies locales et les changements de température.

L'eau réduite en vapeur peut occuper un espace cent mille fois plus grand qu'à l'état liquide ; la vapeur d'eau, en se résolvant en pluie, occasionne donc dans l'atmosphère un vide immense que les couches d'air environnantes s'empressent de combler ; aussi les grosses pluies locales sont-elles accompagnées d'orage.

L'air se dilate par la chaleur et se condense par le froid. L'air échauffé tend toujours à monter comme étant plus léger ; l'air froid le remplace et c'est ainsi qu'ont lieu encore des déplacements considérables de couches d'air, et, comme conséquence, le vent plus ou moins violent.

On désigne sous le nom de *trombe*, un tourbillon de vent qui descend des nuages jusqu'à terre, et parcourt, en tournoyant et en grondant, la surface du sol qu'il dévaste. Il y a deux sortes de trombes : les *trombes d'air* paraissant sur la terre et les *trombes d'eau* sur la mer, les lacs et les rivières. Ce météore terrible va quelquefois jusqu'à briser les vaisseaux, déraciner les arbres, et renverser les maisons. On dit qu'elle est le produit des efforts de deux courants d'air qui prennent et poussent une colonne d'air en sens opposé. D'autres physiciens lui donnent l'électricité pour origine.

Météores ignés. — L'électricité est un fluide très-élastique, très-énergique, qui a la propriété d'attirer, de repousser, de décomposer et d'éliminer les corps. Il y en a de deux espèces : l'électricité *positive* ou vitrée que l'on développe en frottant le verre avec un morceau de laine, et l'électricité *négative* ou résineuse, développée par la résine frottée de la même manière. Les corps chargés de la même électricité, se repoussent ; ceux chargés d'électricité différente s'attirent.

Les corps qui développent très-peu d'électricité et qui transmettent rapidement celle qu'ils ont reque, s'appellent *bons conducteurs*, tels sont : les métaux, le charbon, la paille, l'eau. Les corps *mauvais conducteurs* sont ceux qui, au contraire, transmettent difficilement l'électricité, mais en dévelloppent beaucoup, tels sont : le verre, la résine, la cire, la soie, le soufre, les gaz, le sucre, etc.

La foudre n'est autre chose que le passage de l'électricité d'un corps à un autre.

L'*éclair* est une énorme étincelle, une traînée lumineuse produite par les deux électricités qui chargent chacune un nuage différent, et qui se précipitent l'un vers l'autre pour se réunir.

L'ébranlement qu'occasionne le passage de deux électricités dans l'air forme le *tonnerre*. L'éclair et le tonnerre sont donc produits au même instant, et si nos yeux aperçoivent le premier avant que nos oreilles entendent le second, c'est que la lumière va beaucoup plus vite que le son.

Il est facile d'expliquer maintenant la chute de la foudre. Supposez un nuage chargé d'une électricité quelconque : en s'approchant de la terre, il attire l'électricité contrariée, qui s'accumule principalement sur tous les points élevés, tels que le sommet des arbres et des édifices. Or, ces deux électricités cherchent toujours à se réunir. Si leur réunion a lieu brusquement, les points terrestres sont foudroyés.

De là, le danger que l'on court quand il tonne,

de se mettre à l'abri des arbres elevés, surtout à l'abri du chêne qui est un excellent conducteur du fluide électrique.

Le *paratonnerre* est une barre de fer, terminée par une pointe en platine, que l'on met sur les édifices pour les préserver du tonnerre, et à laquelle on attache une corde ou une tige en fer, qui se prolonge jusqu'à terre et va se perdre dans un puits, ou dans un fossé rempli de charbon calciné.

Les *halos* sont des cercles brillants, souvent colorés, qui entourent quelquefois le soleil et la lune. Ils sont dûs à la réfraction qu'éprouve la lumière, quand elle frappe les globules d'eau glacée qui sont suspendus dans l'atmosphère.

Les *parhélies* désignent l'apparition simultanée de plusieurs images du soleil ; ce météore est causé par la réflexion de la lumière, frappant sur des vésicules de vapeur condensée. Ce phénomène prend le nom de parasélènes quand il s'agit d'images de la lune.

Les *étoiles filantes* sont ou des courants électriques, ou des espèces de petites comètes qui s'enflamment en traversant notre atmosphère.

Les *aérolithes* sont des pierres tombées du ciel. On en attribue généralement la formation à des *bolides* ou globes de feu qui eux-mêmes sont formés probablement par l'inflammation et la condensation des gaz et des atomes minérals et métalliques répandus dans l'atmosphère.

Avant de faire des observations il importe de savoir s'orienter. Une personne qui, le matin, tend sa main droite au soleil levant, a devant elle le Nord ou Septentrion ; derrière elle le Sud ou Midi ; à sa droite l'Est appelé aussi Orient, Levant ; à sa gauche, l'Ouest, désigné encore sous les noms d'Occident et de Couchant. Les jours où le soleil se lève juste à l'Est et se couche juste à l'Ouest, sont le 20 mars et le 3 septembre, jours des équinoxes.

La nuit, le moyen le plus simple est de regarder l'étoile polaire : alors on a le Nord devant soi, le Sud derrière ; l'Ouest à sa gauche, et l'Est à sa droite. C'est ce qu'on appelle les 4 points cardinaux : on en a imaginé d'intermédiaires appelés *Nord-Est*, *Nord-Ouest*, *Sud-Est*, *Sud-Ouest*, qui désignent les points de l'espace, également éloignés des deux points dont ils empruntent les noms. Ce sont les points colatéraux.

Mais comment distinguer l'Etoile Polaire ? tout le monde connaît la constellation appelée *Grande-Ourse* vulgairement chariot de David, composée de 7 étoiles qui forment une espèce de chaise à dossier. Si l'on tire des deux étoiles les plus éloignées du dossier une ligne à peu près de la longueur du groupe, on va rencontrer presque l'étoile Polaire. On la reconnaît encore à ce qu'elle ne change jamais de place, tandis que toutes les autres tournent autour d'elle.

On appelle *Zénith* le point le plus élevé du ciel au-dessus de la tête de l'observateur ;

Méridien, le cercle que l'on imagine aller du pôle Nord au pôle Sud, en passant par le *Zénith*. Il divise la terre en deux parties égales : l'une orientale, et l'autre occidentale ;

L'Horizon sensible, est le cercle qui borne la vue de toutes parts ;

L'Horizon rationel, un cercle qui partage la terre en deux parties égales : l'une inférieure, l'autre supérieure.

L'Equateur est un cercle qui, également éloigné des deux pôles, partage la terre en deux parties égales : l'une septentrionale, l'autre méridionale.

L'Ecliptique est le cercle parcouru par la terre dans son mouvement annuel autour du soleil.

Le zodiaque, une Zone circulaire comprenant les constellations vis-à-vis lesquelles semble se lever successivement le soleil dans sa course apparente qu'il fait annuellement autour de la terre.

Il y a deux pôles, celui du nord appelé *pôle arctique*, qui est l'extrémité de la terre du côté du Nord ; et celui du Sud, appelé *pôle antarctique*, à l'extrémité de la terre, opposée à la précédente du côté du Sud.

Les cercles polaires sont deux petits cercles de la sphère, parallèles à l'équateur, éloignés des pôles de 23° 28';

Les tropiques, deux cercles parallèles à l'équateur et qui en sont distants de 23° 28'.

On appelle *latitude* la distance d'un lieu à l'équateur.

Longitude, la distance d'un lieu au méridien, et *Altitude*, l'élévation d'un lieu par rapport au niveau de la mer.

Astres. *Le soleil* est l'astre lumineux qui produit le jour, soit qu'il envoie la lumière, soit qu'il la mette en mouvement. Sa forme sous laquelle nous apparaît le soleil est celle d'un grand disque lumineux. — Le soleil est une masse solide, opaque, entourée d'une atmosphère incandescente. Certaines taches observées prouvent la solidité de son noyau. — On croit qu'il est 14 cent mille fois plus gros que la terre. — La densité du soleil est à peu près la moitié de celle de la terre. — Le soleil est éloigné de la terre de 152 millions de kilom. Il faudrait à une locomotive lancée à toute vapeur, 500 ans pour parcourir cette distance.

Nous devons au soleil les zones, les saisons, les équinoxes, les solstices connus et le jour.

On appelle *Zone* une certaine étendue de pays où la température est à peu près la même.

Saisons, les différentes époques de l'année qui diffèrent notablement entre elles de température.

Ces différences viennent de ce que la terre présente les diverses parties de sa surface tantôt directement, tantôt obliquement aux rayons du soleil.

Les Equinoxes sont l'époque où les rayons du soleil sont dardés directement sur l'équateur, il y a alors égalité de jour et de nuit. Cela arrive le 20 mars et le 22 septembre ou un jour après.

Les solstices, l'époque où les rayons du soleil sont dardés directement sur les tropiques : ces époques arrivent pour l'hémisphère boréal le 21 juin, pour l'hémisphère austral le 22 décembre ou un jour après.

On entend par *Année* le temps que la terre met à faire sa révolution autour du soleil.

Et par *Jour*, le temps que met la terre à tourner sur elle-même.

Les Etoiles fixes sont des astres brillants par eux-mêmes et qui gardent toujours leur position respective.

Leur nature nous est inconnue à cause de leur immense distance. Elles peuvent être autant de soleils, centres de systèmes célestes. — A l'œil nu on peut distinguer des étoiles de six degrés de grandeur différente. Ces degrés sont dûs à leur distance. — Elles ont un mouvement, mais il est si peu sensible à nos instruments, qu'on les appelle *fixes*.

Leur Couleur est généralement blanche, quelquefois légèrement bleue, verte ou jaune ; on en a observé de rougeâtres.

Leur distance de la terre est si grande que l'on croit que la plus près est à plus de 5 millions de lieues. L'œil nu distingue environ 3,000 étoiles, mais le télescope en découvre des millions. La voie lactée n'est qu'une agglomération innombrable d'étoiles.

Les étoiles de premières grandeurs visibles en France sont au nombre de 13 savoir :

Sirius,	dans le	Grand Chien.
Arcture,	—	Bouvier,
Betelgeuse,	—	Orion, épaule droite.
Rigel,	—	Orion pied gauche.
La Chèvre,	—	Cocher.
Wega,	—	Lyre.
Procyon,	—	Petit Chien.
Aldebaram,	—	Taureau.
Antarès,	—	Scorpion.
Altaïr,	—	Aigle.
L'Epi,	—	La Vierge,
Regulus,	—	Le Lion.
Castor,	—	Gémeau.

Les Constellations sont des groupes d'étoiles auxquelles on a donné un nom particulier.

Les principales au nord sont :

La Grande Ourse, composée de 7 étoiles en forme de siége à dossier.

Petite Ourse, composée de 7 étoiles dont la

première est l'étoile polaire, de même figure que la grande ourse, mais moins brillante.

Cassiopée a 5 étoiles en forme de V brisé ou de M.

Le Dragon contient les étoiles situées entre les deux Ourses et autour de la Petite.

Cephée a 3 étoiles principales en forme d'arc, entre la Petite Ourse et Cassiopée.

Ces quatre constellations s'appellent circompolaires parce quelles ne se couchent jamais à Paris, c'est-à-dire, qu'elles ne passent jamais sous l'horizon.

Pégase, est composé de 4 étoiles formant un grand carré.

La Lyre, de 4 étoiles, dont Wega de première grandeur et 3 de 3me grandeur.

Le Cygne, de 5 étoiles en forme de croix dont une de deuxième grandeur.

Orion. C'est la plus belle constellation du ciel; elle forme un grand trapèze. L'épaule droite et le pied gauche sont de première grandeur; au milieu du trapèze est le Baudrier d'Orion ou les 3 rois, de deuxième grandeur.

Le Cocher, composé de 3 étoiles dont la Chèvre est de première grandeur.

Le grand Chien, entre la Grande Ourse et Orion, est composé de 7 étoiles dont une, Sirius, est de première grandeur.

Le Taureau , composé de 6 étoiles appelées pléïades, d'une étoile de première grandeur, appelée Aldébaram , et de 5 étoiles en forme de V appelées Hyades.

Les Gémaux , deux étoiles , dont Castor , de première grandeur , entre la Grande Ourse et le Bélier.

Le Lion. Plusieurs étoiles en forme de trapèze. La plus grande Régulus est de première grandeur.

La Vierge. Plusieurs étoiles entre la Grande Ourse. Une d'elle, l'Epi, est de première grandeur.

Le Scorpion. Sur la ligne menée par Aldebaram et l'étoile Polaire , à l'horizon. Antarès ou le cœur du Scorpion est de première grandeur.

De ces Constellations 12 sont appelées zodiacales. — Voici leur nom , les symboles qui les représentent et l'époque ou le soleil se lève vis-à-vis d'eux :

Le Bélier	—	20 mars	Printemps.
Les Taureau	—	20 avril	
Le Gémaux	—	21 mai	
Le Cancer	—	21 juin	Eté.
Le Lion	—	22 juillet	
La Vierge	—	23 août	
La Balance	—	23 sept.	Automne.
Le Scorpiou	—	23 octob.	
Le Sagitaire	—	22 nov.	

Le Capricorne —	21 déc.		
Le Verseau —	19 janv.		Hiver.
Les Poissons —	18 févr.		

Toutes les étoiles de première et de seconde grandeur peuvent servir de point d'observation, mais il faut choisir de préférence celles qui passent au méridien au moment où on les observe.

Les *planètes* sont des astres non lumineux par eux-mêmes, réfléchissant la lumière du soleil, autour duquel ils font leur révolution, en décrivant des orbites qui ont la forme d'éllipses plus ou moins alongées. On en découvre cinq sans le secours de lunettes. On les appelle Mercure, Venus, Mars, Jupiter et Saturne. La plus remarquable par l'éclat dont elle brille est Venus. Cet éclat surpasse souvent celui de toutes les autres étoiles. Elle s'appelle Lucifer ou *étoile du matin* quand elle parait aux premières lueurs de l'aurore, et Vesper ou *étoile du soir* quand elle paraît au crépuscule.

Les planètes ne scintillent pas comme les étoiles : Aussi les prend-on rarement pour point d'observation, quand il s'agit d'examiner les modifications des rayons lumineux à travers les couches de l'atmosphère.

Mais c'est surtout la lune qu'il importe de connaître et d'étudier. La lune est une planète qui tourne autour de la terre ; elle est ronde, solide, opaque ; sa surface est inégale, hérissée de montagnes, dont quelques-unes ont plus de 7000 mètres d'élévation.

La lune a un mouvement diurne comme les autres astres, et de plus elle fait autour de la terre, en allant d'Orient en Occident, une révolution qui dure de 29 à 30 jours, soit en nombre exact, 29 jours 11 heures 44 minutes 3 secondes. Pendant la durée de ce mois *lunaire* ou *lunaison*, notre satellite se trouve dans diverses positions par rapport au soleil, dont elle réfléchit la lumière et nous apparaît sous diverses formes appelées *phases*.

Lorsque la lune se lève en même temps que le soleil elle devient invisible à nos regards : c'est la *nouvelle lune* ; mais comme elle se lève 50 minutes plus tard chaque jour, le quatrième jour elle commence à nous montrer un croissant très-délié, dont les cornes sont tournées vers l'Orient, et qui va s'agrandissant peu-à-peu, jusqu'à ce qu'il égale la moitié du disque lunaire : c'est le *premier quartier*. Il arrive entre le 7me et le 8me jours après la *nouvelle lune*. La partie éclairée grandit de plus en plus ; et, 7 jours après le premier quartier, la lune se lève quand le soleil se couche, et se couche quand le soleil se lève, après avoir passé au méridien à minuit précis : à cette époque son disque est entièrement lumineux : c'est la *pleine lune*. Elle décroît ensuite peu-à-peu, et, 7 jours après, elle est dans le *dernier quartier*. La moitié de son disque seulement est éclairé ; les cornes tournent du côté de l'Occident, et cette partie éclairée va diminuant de plus en plus, jusqu'à ce que la lune devienne entièrement invisible : c'est la nouvelle lune, qui est suivie des mêmes phases, et ainsi de suite tant que les temps dureront.

On donne encore à la nouvelle lune le nom de *conjonction*, et à la pleine lune le nom d'*opposition* ; et la conjonction et l'opposition sont désignés quelquefois par le nom commun de *Syzigie*, et les *quartiers* par celui de *quadrature*.

—

Voici un moyen bien simple pour comprendre les phases de la lune : prenez une boule, peignez-en la moitié en blanc, la moitié en noir. La moitié blanche représente l'hémisphère de la lune, qui est seul visible pour nous ; la moitié noire celle qui est toujours cachée, fixez-la à la cime d'un bâton et faites-en le tour. Lorsque le soleil est en face de l'hémisphère blanc on le voit tout entier; en faisant un quart de tour, on ne voit plus que la moitié de la partie éclairée : c'est un quartier : en faisant la moité du tour, on ne voit rien de la partie éclairée : c'est la nouvelle lune en conjonction avec le soleil.

Comme l'orbite de la lune n'est pas un cercle, mais un ellipse, il en résulte que la lune est tantôt plus près, tantôt plus loin de la terre. Son plus grand éloignement s'appelle *Apogée* ; sa plus grande proximité, *Périgée*. Ses deux distances sont entre elles dans le rapport de 29 à 33, comme on peut le conclure du chiffre suivant.

De la surface de la lune à la surface de la terre il y a, au moment de l'apogée :

	99,640 lieues de 4 kilomèt.
De périgée,	88,100
Différence,	11,560
En moyenne,	94,330

Le disque de la lune nous apparait plus grand à son lever et à son coucher qu'à son méridien. C'est une illusion d'optique produite par l'habitude que nous avons de juger de la grandeur d'un corps par sa plus grande distance où il est par rapport à d'autres corps avec lesquels nous les comparons.

Ces explications étant données, nous allons voir quels sont les signes précurseurs des phénomènes.

CHAPITRE II.

Signes du temps les plus vulgairement connus.

Parmi ces signes, les uns apparaissent le matin, les autres dans le courant du jour, et les autres le soir. Les premiers se réalisent en général dans le courant de la journée; les seconds, après quelques heures. Les signes du soir indiquent ordinairement le temps qu'il doit faire le lendemain.

Signes du matin — La couleur rouge du ciel, précédant ou suivant le lever du soleil présage un grand vent ou des bourrasques de vent et de pluie.

Un ciel gris, un peu sombre, est ordinairement l'indice d'un beau temps.

Il arrive souvent que les premières lueurs du jour paraissent au dessus d'une couche de nuages répandus sur l'horizon ; c'est un signe presqu'infaillible de vent pour la journée.

Si, au contraire, elles trouvent l'horizon sans nuages, regardons le beau temps comme certain.

Une rosée abondante le matin est un signe de beau temps pour le reste de la journée ; mais comme la rosée n'a lieu que lorsque l'atmosphère est tout-à-fait serein et calme, elle peut nous en présager le changement dans un délai plus ou moins éloigné.

Le tonnerre du matin indique le vent ; celui de midi la pluie ; celui du soir un orage ou une bourrasque.

Signes du milieu du jour —Quand le ciel montre de certains petits nuages à contours indécis, c'est un signe de beau temps ; si les nuages qui flottent dans le ciel sont noirs, couleur d'encre, on doit s'attendre à de la pluie ; sont-ils épais et leurs contours bien arrêtés, c'est le vent qui va venir.

Un ciel sans nuages, d'un bleu foncé et sombre, est aussi une promesse de vent prochain.

Un ciel d'un bleu clair, brillant, d'une transparence parfaite, est un signe de beau temps.

Des nuages épais, roulés, déchiquetés dans les bords présagent de grands vents ; s'ils sont, au contraire, légers et poussés en sens inverse, on doit attendre de la pluie et du vent mêlés ensemble.

On observe souvent, dans les régions superieures de l'atmosphère, des nuages passant devant le soleil, la lune ou les étoiles ; et allant a l'opposé d'autres nuages qui sont dans les régions inferieures ; on doit en inférer un changement de vent.

Que conclure d'un ciel à teintes douces, légères, avec nuages à formes indécises ? — Le beau temps.

Et d'un ciel à teintes fortes, vives, extraordinaires avec nuages aux contours durs et bien définis ? — Pluie et coups de vents ; la pluie continue après l'apparition d'un arc-en-ciel vivement coloré, ou d'un arc-en-ciel double. Il faut encore attendre une pluie et une pluie abondante, si, lorsqu'il pleut, on s'aperçoit que les gouttes fument en tombant sur la terre, ou forment des bulles en tombant sur l'eau.

Que présagent des nuages blancs, se colorant en rouge, jaune ou vert en passant sous le soleil ? — La pluie.

Et des nuages ou brouillards accrochés aux montagnes ou descendant dans la valée ? — Pluie ou vent.

Et les mêmes, disparaissant ou montant dans l'atmosphère ? — Beau temps.

Des nuages blancs, élevés en touffes ou en bandes pommelées, arrondies, et formant bientôt des masses épaisses et sombres, pronostiquent un changement de temps.

Bourrasques, tonnerres, orages, suivent presque toujours un soleil qui est beaucoup plus chaud et plus pesant que ne comporte la saison.

Une odeur plus forte que de coutume, s'exalant des fumiers, indique une pluie prochaine. On peut attendre encore de la pluie, lorsqu'on voit les tiges de trèfles se redresser.

Signes du soir — Ciel rosé, au coucher du soseil, signifie beau temps.

Ciel et nuages rouges, sont une augure de chaleur.

Ciel et nuages pourprés présagent vents et temps sec.

Ciel d'un jaune brillant, au couchant, signifie vent.

Ciel d'un jaune paille, signifie pluie.

En été, les éclairs, près de l'horizon sans nuages, sont un indice de beau temps.

En hiver, ils présagent invariablement la tempête ;

Lapparition de deux ou trois soleils.

Signes divers des animaux. — Les hirondelles, rasant la terre et la surface des eaux, — pluie.

Chant du coq, à des heures inaccoutumées, — mauvais temps.

Grenouilles coassant, crapauds sortant de l'eau, vers de terre se montrant plus nombreux que de coutume, — pluie.

Sangsue essayant de remonter le tube de son flacon, — orage.

Araignées, raccourcissant leurs fils et cherchant à les fixer, — vent, pluie.

Les mêmes, allongeant les filaments qui supportent leur toile, — beau temps.

Abeille, n'osant s'écarter de leur ruche, — pluie.

Animaux divers, cherchant les endroits abrités, — mauvais temps.

Chauves-souris sortant en nombre et volant plus haut que de coutume — beau temps.

Les mêmes, entrant dans les maisons et jetant des cris, — pluie.

Pigeons, revenant tard au colombier — longue pluie.

Abeilles, revenant de bonne heure à la ruche, — pluie.

Moucherons, rassemblés en colonne tourbillonnante, — beau temps.

Araignée, dérangeant sa toile le soir, — nuit claire.

Chouettes, criant pendant l'orage, — retour du beau temps.

Canards et Oies, prenant de bruyants ébats, — pluie, orage.

Mouches, piquant plus fort que de coutume, — pluie.

Moineaux, gazouillant et se réunissant, — mauvais temps.

Voilà à peu près complète la collection des signes avant-coureurs du temps, et universellement connus par les habitants des campagnes. On aurait tort de professer à leur égard un dédain superbe. Tout moyen de deviner, de prévoir le temps à venir, ne serait-ce que deux heures avant son arrivée, est infiniment précieux. Que de personnes que la foudre a tuées, qui auraient trouvé un abri et se seraient mises à couvert des atteintes terribles du tonnerre si elles avaient consulté un de ces signes et n'en avaient pas méprisé la signification ? En quelques heures de temps, on peut sauver une récolte, rentrer des troupeaux, prendre tous les moyens dont on peut avoir besoin pour se soustraire aux atteintes de la pluie ou du soleil.

La plupart des pronostics que nous venons d'énumérer étaient connus des anciens, et le plus célèbre poète latin, Virgile, les a mis en beaux vers. Nous avons cru faire plaisir au lecteur en mettant sous ses yeux ce passage de la première Géorgique, traduite en vers français par notre poète Delille.

La lune de l'orage annonce au moins le cours,
Et le berger connaît par d'assurés présages
Quand il doit éviter les lointains pâturages.
Au premier sifflement des vents tumultueux,
Tantôt, au haut des monts, d'un bruit impétueux
On entend les éclats.; tantôt les mers profondes
Soulèvent en grondant et balancent leurs ondes ;
Tantôt court sur la plage un long mugissement,
Et les noires forêts murmurent sourdement.
Que je plains les nochers, lorsqu'aux prochains rivages
Les plongeons effrayés, avec des cris sauvages,
Volent du sein de l'onde. ou quand l'oiseau des mers
Parcourt en se jouant les rivages déserts,
Ou lorsque le héron, les aîles étendues,
De ses marais s'élance et se perd dans les nues !
Tantôt on voit dans l'air des feuilles voltiger,
Et la plume tournant sur les ondes nager.

Si l'éclair brille au nord, de l'Eure et de Zéphire
Si la foudre en éclats ébranle au loin l'empire,
Alors, ô laboureur, crains les torrens des cieux;
Nochers, ployez la voile, et redoublez vos vœux.
Que dis-je? tout prédit l'approche des orages;
Nul sans être averti n'éprouva leurs ravages:
Déjà l'arc éclatant qu'Iris trace dans l'air
Boit les feux du soleil et les eaux de la mer,
La grue avec effroi, s'élançant des vallées,
Fuit ces noires vapeurs de la terre exhalées;
Le taureau hume l'air par ses larges naseaux;
La grenouille se plaint au fond de ses roseaux:
L'hirondelle en volant effleure le rivage;
Tremblante pour ses œufs, la fourmi déménage;
Et des affreux corbeaux les noires légions
Fendent l'air qui frémit sous leurs longs bataillons.

Vois les oiseaux des mers et ceux que les prairies
Nourrissent près des eaux sur des rives fleuries;
De leur séjour humide on les voit s'approcher,
Offrir leur tête aux flots qui battent le rocher,
Promener sur les eaux leur troupe vagabonde,
Se plonger dans leur sein, reparaître sur l'onde,
S'y replonger encore, et par cent jeux divers
Annoncer les torrens suspendus dans les airs.

Seule errant à pas lents sur l'aride rivage,
La corneille enrouée appelle aussi l'orage.
Le soir la jeune fille, en tournant son fuseau,
Tire encore de sa lampe un présage nouveau,
Lorsque la mèche en feu, dont la clarté s'émousse,
Se couvre en pétillant de noirs flocons de mousse.

Mais la sérénité reparait à son tour :
Des signes non moins sûrs t'annoncent son retour ;
Des astres plus brillants ont peuplé l'hémisphère ;
La lune sur son char le dispute à son frère ;
On ne voit plus dans l'air des nuages errants
Flotter comme la laine éparse au gré des vents,
Ni l'oiseau de Téthys sur l'humide rivage
Aux rayons du soleil étaler son plumage,
Ni ces vils animaux dans la fange engraissés
Délier des épis les faisceaux dispersés.
Enfin l'air s'éclaircit ; du sommet des montagnes
Le broullard affaissé descend dans les campagnes,
Et le triste hibou le soir au haut des toits
En longs gémissemens ne traine plus sa voix.

Même les noirs corbeaux, bannissent la tristesse,
Annoncent les beaux jours par trois cris d'allégresse,
Et d'un gosier moins rauque expriment leur gaîté ;
Souvent au haut de l'arbre où flotte leur cité
Vous voyez leurs ébats agiter le feuillage ;
Une douceur secrète attendrit leur ramage,
Ils aiment à revoir, depuis long-temps bannis,
Leur arbre hospitalier, leur famille et leurs nids.
Non que du ciel en eux la sagesse immortelle
D'un rayon prophétique ait mis quelque étincelle :
L'instinct seul les éclaire ; et lorsque ces vapeurs
D'où naissent, tour-à-tour, le froid et les chaleurs,
Ou des vents inconstants lorsque l'humide haleine
Change pour nous des cieux l'influence incertaine,
Les êtres animés changent avec le temps ;

Ainsi, muet l'hiver, l'oiseau chante au printemps;
Ainsi l'agneau bondit sur le naissant herbage,
Et même le corbeau pousse un cri moins sauvage.

Mais, malgré ces leçons, crains-tu d'être séduit
Par le perfide éclat d'une brillante nuit ?
Du soleil, de sa sœur, observe la carrière.
Quand la jeune Phœbé rassemble sa lumière,
Si son croissant terni s'émousse dans les airs,
La pluie alors menace et la terre et les mers.
Du fard de la pudeur peint-elle son visage ?
Des vents prêts à gronder c'est le plus sûr présage.
Le quatrième jour (cet augure est certain)
Si son arc est brillant, si son front est serein,
Durant le mois entier que ce beau jour amène,
Le ciel sera sans eau, l'aquilon sans haleine,
L'océan sans tempête ; et les nochers heureux
Bientôt sur le rivage acquitteront leurs vœux.

Le soleil à son tour t'instruit, soit dès l'aurore,
Soit lorsque de ses feux l'occident se colore.
Si, de taches semé, sous un voile ennemi,
Son disque renaissant se dérobe à demi,
Crains les vents pluvieux : leurs humides haleines
Menacent les troupeaux, tes vergers, et tes plaines.
Si de son lit de pourpre on voit l'Aurore en pleurs
Sortir languissamment sans force et sans couleurs,
Si Phébus, à travers une vapeur grossière,
Dispersant faiblement quelques traits de lumière,
Semble luire à regret, de leurs feuillages verts
Les raisins colorés vainement sont couverts ;

Sous les grains bondissants dont les toits retentissent
La grêle écrase, hélas! les grappes qui mûrissent.

Surtout soit attentif lorsque, achevant leur tour,
Ses coursiers dans la mer vont éteindre le jour :
Du pourpre, de l'azur les couleurs différentes
Souvent marquent sont front de leurs taches errantes.
Saisis de ces vapeurs le spectacle mouvant :
L'azur marque la pluie, et le pourpre le vent :
Si le poupre et l'azur colorent son visage,
De la pluie et des vents redoute le ravage :
Je n'irai point alors sur de frêles vaisseaux
Dans l'horreur de la nuit m'égarer sur les eaux.

Mais lorsqu'il recommence et finit sa carrière,
S'il brille tout entier d'une pure lumière,
Sois sans crainte, vainqueur des humides Autans,
L'Aquilon va chasser les nuages flottants.

—

CHAPITRE III.

Des système publiés par les savants sur la prescience du temps.

Tout le monde connaît les almanachs de Mathieu (de la Drôme.) Ils contiennent chaque année des indications du temps, dont quelques savants de Paris se sont moqués, et néanmoins la plupart se sont réalisées avec une exactitude mathématique. En attendant qu'une plus longue expérience ait fixé le degrés de croyance qu'il faut donner au système Mathieu, voici quelles en sont les principales bases :

Les phases de la lune influent sur l'athmosphère comme sur la mer.

L'irrégularité du flux et reflux atmosphérique peut être dérangé par la température, le climat, la saison, la configuration du sol, la nature et la direction du vent.

L'influence des phases est plus forte dans les quadratures et les syzigies.

L'état du temps varie selon la longitude.

L'heure des phases de la lune a une influence sur les effets.

Les météores aqueux, avant de paraître et de se résoudre, subissent de longues élaborations.

La pluie ordinairement est le résultat de plusieurs phases. On ne peut nier que la plupart de ces phénomènes ne soient appuyés par les notions les plus seines de la physique. Ils ne sont pas tous, du reste, de l'invention de M. Mathieu : on en retrouve la plupart dans divers travaux météorologiques publiés depuis longtemps, et notamment dans ceux de l'abbé Toaldo. Ce savant italien croyait non seulement que la lune a une grande influence sur les changements du temps, mais encore que le temps ne changeait presque jamais que dans un des points lunaires, dont il distinguait les principaux, savoir :

La nouvelle lune ; premier quartier ; pleine lune ; dernier quartier. Périgée, lorsque la lune est à sa plus petite distance de la terre ; *Apogée* , lorsque la lune est à sa plus grande distance de la terre, *équinoxe ascendant*, lorsque la lune passe à l'équateur montant vers le nord; *lunistice septentrional ou boréal*, lorsque la lune est parvenue à sa plus grande distance de l'équateur du nord ; *équinoxe descendant*, lorsque la lune passe sur l'équateur allant vers le midi ; *lunistice méridional*, lorsque la lune est le plus éloigné possible de l'équateur du côté du midi ou sud.

D'après les travaux de cet astronome, on peut parier que le temps changera :

à la nouvelle lune. . .	6 contre 1
au premier quartier . .	2 et demi contre 1;
à la pleine lune . . .	5 contre 1 ;
au dernier quatier . .	2 et demi contre 1 ;

au périgée. . . . . . 7 contre 1 ;
à l'apogée . . . . . . 4 contre 1 ;
à l'équinoxe ascendant . 3 et quart contre 1
au lunistice septentrional. 2 et 3 quarts contre 1
à l'équinoxe descendant. 2 et 3 quarts contre 1
au lunistice méridional ou austral, 3 contre 1.

Lorsque la nouvelle ou la pleine lune arrivent avec le *périgée* ou *l'apogée*, il est presque certain qu'on a un grand changement de temps, grande pluie ou grand vent.

Lorsque la nouvelle lune arrive avec le périgée, il y a 38 à parier contre 1 pour le changement ;

Avec l'apogée, 7 à parier contre 1.
Pleine lune avec le périgée, 10 contre 1.
Avec l'apogée, 8 contre 1.

Le concours de ces points lunaires amène ordinairement des orages, et leur force perturbatrice sera d'autant plus forte que ces points réunis seront près des passages de la Lune et de l'Equateur, surtout dans les mois de Mars et Septembre.

Aux nouvelles et pleines Lunes de Mars ou de Septembre, et même des Solstices [celui d'hiver surtout], l'atmosphère prend un caractère marqué pour trois mois, quelquefois pour six.

Les nouvelles lunes qui ne changent point le temps sont celles qui sont loin des périgées et de l'apogée. .

Quoiqu'il soit vrai que chaque point lunaire

change l'état du ciel produit par un point précédent, on remarquera cependant que certains points Lunaires penchent à amener le mauvais temps, et d'autres le beau temps. Ceux du premier cas sont les périgées, les nouvelles Lunes, les pleines Lunes, les passages de l'Equateur et le lunistice septentrional. Ceux du second cas, sont les apogées, les premiers et derniers quartiers, et le lunistice méridional.

Il est rare qu'un changement de temps arrive le jour même d'un point lunaire : tantôt il le devance, tantôt il le suit.

On remarquera que les changements qu'ils produisent anticipent dans les six mois d'hiver, et retardent dans les six mois d'été.

Outre les points lunaires, on doit examiner les quatrièmes jours avant et après la pleine Lune, qu'on appelle les Octans.

C'est alors que le temps se dispose à changer, et l'on peut dès-lors prévoir le changement que produira le point lunaire suivant.

Le directeur de l'établissement météorologique de Londres a essayé depuis plusieurs années de prédire les changements de temps. Des correspondants établis sur diverses stations du royaume lui signalent chaque jour le temps qu'il fait chez eux et les renseignements centralisés permettent de formuler des prévisions de temps qui embrassent le lendemain et quelquefois le surlendemain, et que l'on s'empresse de transmettre par le télégraphe à tous les pays. Ces indications ont déjà rendu de grands services.

L'observatoire de Paris emploie les mêmes procédés et obtient les mêmes résultats.

Les principaux instruments dont ces deux grands établissements météorologiques ont doté leurs stations correspondantes sont au nombre de quatre, savoir :

Le Baromètre, qui sert à faire connaître la pesanteur de l'air ;

Le Thermomètre, qui indique le dégré de la chaleur et du froid ;

L'Hygromètre, qui constate le degré de l'humidité de l'air ;

Le Pluviomètre, qui mesure la quantité de pluie qui tombe ; et l'Anémomètre, qui indique la direction et la force du vent.

Pourquoi chaque Commune ne ferait-elle pas l'acquisition de ces instruments précieux ? Placés à la Maison Commune ou à la maison d'Ecole, à côté d'un registre, où d'un seul mot un observateurs désigné viendrait régulièrement écrire ses notes, il fournirait bientôt des éléments suffisants pour constater non seulement l'etat actuel de l'atmosphère, mais le dégré moyen de chaleur et d'humidité de la température de chaque Commune, le nombre moyen de jours secs et pluvieux qu'il fait dans une contrée déterminée, et surtout il serait d'un secours précieux pour fixer le dégré de signification des phénomènes que nous allons étudier.

CHAPITRE IV.

MON SYSTÈME. *Voici les principes généraux sur lesquels il est fondé.*

Il n'y a point de météores qui ne changent ; qui ne modifient plus ou moins l'état normal de l'atmosphère. Les météores aqueux la saturent de vapeurs, les météores ignés la raréfient ; les météores aériens la mettent en mouvement.

Ces modifications s'opèrent d'une manière plus ou moins lente, mais aucune n'est instantanée.

Tel nuage, avant de se résoudre en pluie, peut rester plusieurs jours et même plusieurs semaines suspendu dans les airs. Les premières modifications se révèlent plus facilement pendant la nuit, surtout une heure ou deux avant le crépuscule.

Les cercles ou auréoles qui entourent les astres, la déviation des rayons lumineux, la scintillation des étoiles, l'inégalité de leur éclat, la couleur, la forme et le mouvement des nuages sont les signes ordinaires des modifications de l'atmosphère.

L'âge et la position de la lune par rapport à la terre n'est pas sans influence sur la production des phénomènes ; et la saison, le climat, la configuration du sol, peuvent diminuer ou augmenter leur signification.

Ces indications confimées par un baromètre un thermomètre un hygromètre ne seraient que plus sures, mais on peut les formuler sans autres instruments que les yeux, sans autres objectifs que les astres, sans autre champ d'observations que l'atmosphère.

Voilà quelques-uns des principes qui nous ont guidés dans nos observations.

Nous allons passer à leur application.

OBSERVATIONS GENERALES.

Météores, *Auréoles*, *Halos*, *Cercles*. Ce sont différents mots dont nous nous servons pour désigner les mêmes phénomènes qui se reproduisent autour de la lune, des étoiles ou du soleil, et qui sont causés par l'humidité plus ou moins grande de l'atmosphère. Ainsi, supposez-vous à une distance assez éloignée d'une lumière : si l'air est pur, à l'état normal sans vapeur d'eau, ou n'en ayant que très-peu, la lumière vous apparaîtra claire, brillante, projetant des rayons animés et très distincts : si l'air, au contraire, est saturé d'un commencement d'humidité, la clarté devient douteuse et terne ; si une autre portion humide vient s'adjoindre à la première, une auréole assez prononcée se dessine autour du point lumineux. Ces auréoles se distinguent par des nuances particulières, et c'est la variété de ces nuances qui a permis de classer les phénomènes en diverses catégories. Ainsi tout phénomène ayant une partie uniforme, blanche dans son ensemble, est un météore aqueux : c'est une annonce de pluie.

Tout météore, ayant une partie bistrée à sa circonférence, soit inférieure soit supérieure, est un phénomène produisant des nébulosités, du vent du nord et du froid.

Tout météore, ayant, à sa circonférence inférieure, une couleur rouge ou orange, produira un temps venteux ; si la nuance est très-prononcée, c'est une tempête qui doit arriver.

Il est à remarquer que les météores solaires ne se présentent que très-rarement ; néanmoins on peut, en examinant la lumière solaire, tirer certaines conséquences : ainsi, lorsque la lumière du soleil paraît d'un blanc jaune, très-clair, faible, il y a certitude de pluie ; si elle apparaît fumeuse : c'est vent et froid ; si elle est rouge ardente : chaleur. Notre carte météorologique et astronomique représente les plus remarquables de ces phénomènes, que nous avons dessinés avec tous les soins que comporte une œuvre de cette importance.

1

Si vers l'équinoxe du printemps, par un temps couvert en partie, on voit autour de la lune une auréole pâle, terne, et que le disque de la lune soit clair, mais peu prononcé ; on aura la pluie ou la neige, dans un intervale de 6 à 8 jours, avec vent du nord et froid.

2

Un météore à peu près semblable au précédent, de nuance, tirant un peu sur le jaune, citron très-clair, autour d'une étoile qui demeure pâle, sans être ombragée à l'intérieur, est un présage de pluie légère, de neige et de raffales dans les hautes régions.

Son effet se produit dans la huitaine.

3

Si l'on voit une étoile de première ou de seconde grandeur terne, blafarde à l'intérieur, ombragée sans être entourée d'une auréole, on peut attendre dans les 24 heures un peu de pluie, un temps nuageux, et ensuite le vent du nord et le froid.

4

Une auréole d'une couleur rouge, orange très-clair, attenant à la lune, surmontée d'un cercle blanchâtre, se confondant avec le firmament, présage pluie, neige, temps froid et vent du Nord fort et de durée. Son effet se produit 6 heures après l'apparition.

5

Un léger tour ou auréole blanchâtre, autour d'une étoile fixe sans éclat, quoique les autres étoiles principales soient agitées : présage vent du nord d'abord, pluie ou neige ensuite, pour redonner cours au vent du nord.

L'effet se reproduit dans 3 ou 4 jours.

6

Si l'étoile d'observation est claire et présente un mouvement léger pendant que les autres étoiles sont agitées par des fluctuations assez vives, on aura un vent du nord fort et de durée dans les 24 heures.

7

Si, pendant l'observation, une auréole se prononce autour de l'étoile et qu'une partie de cette auréole, à l'intérieur, soit sombre, noire, et qu'une partie du firmament soit légèrement agitée : on aura neige, pluie, grêle, temps froid, vent du nord.

8

Un arc-en-ciel de plusieurs couleurs autour d'une lune claire, bien dessiné est un signe de changement de température : sa présence dénote gelée blanche, pluie, grêle, orage, s'il se présente avec un tour sombre attenant à la lune. Si ce tour est blanchâtre, clair, il faut s'attendre à la gelée blanche seulement, à un grand vent du nord devenant très-froid et suivi d'une température douce, qui fait neiger abondamment.

9

Lorsque l'auréole qui est autour de l'étoile d'observation est mal définie, et qu'elle repose sur un ciel gris bleu, c'est son plus ou moins d'intensité qui désigne une pluie plus ou moins forte. La température prend le caractère qui devient dominant par l'opacité, soit du phénomène soit du brouillard qui parcourt le disque.

10

Un ciel beau, des étoiles vacillant faiblement, pendant que celles qui servent d'observation restent presque sans mouvement : présagent beau fixe.

11 — 14

J'ai observé plusieurs fois le phénomène suivant un peu compliqué ; il a été toujours suivi d'orages violents et de pluies torrentielles :

1° Auréole blanchâtre attenant à la lune, légèrement accusé, puis se prononçant de plus en plus. 2° Formation d'une autre auréole ou météore d'un blanc très-clair, semblable à un grand cercle très-distant de la lune, se fondant avec le firmament et devenant insensiblement semblable à l'auréole de la première observation, tout en demeurant plus intense et mieux défini. 3° Pendant ce temps les astres sont immobiles, excepté les étoiles de première grandeur, qui offrent quelques fluctuations. 4° Enfin les nébulosités disparaissent pour donner à la lune sa forme naturelle, et l'on ne voit plus que son disque argenté et quelques étoiles immobiles et presque invisibles. L'orage se déclare, une pluie torrentielle tombe et des dégats ont lieu 2 ou 3 jours après l'observation.

15

Si l'étoile de première grandeur que l'on observe semble s'éclipser et renaître insensiblement, très-pâle du reste et blafarde, ainsi que les étoiles secondaires : nous sommes menacés d'une pluie torrentielle, de grêle, d'un orage violent dans l'intervalle de 36 à 48 heures.

16 — 17

Dans la belle saison on voit des phénomènes, dignes de l'attention de l'observateur, se produire dans des intervalles très-courts. Auréole claire et plus claire encore vers son limbe extérieur qui se fond avec le firmament; à l'intérieur du météore se forme une ombre blanche projetée par la lune, bientôt on ne voit qu'un tour simple s'écartant peu à peu pour former une auréole plus grande pendant que l'état du ciel est calme : ces signes présagent pluie légère, grande chaleur, beau temps.

18

Nous avons déjà vu qu'il existe des phénomènes complexes, capables de présager divers effets, c'est-à-dire des météores aqueux et ariens, et aériens d'abord et aqueux ensuite. Ainsi, chaque fois que le phénomène est une auréole très-éloignée de la lune, de couleur rouge, orange, ou ressemble à un nuage présentant les mêmes nuances : il présage beaucoup de vent et occasionne des tempêtes.

Si l'on voit dessiné sur l'azur douteux, compris entre la lune et le cercle aérien, un phénomène blanchâtre à côté d'une lune bien éclairée : on aura d'abord de la pluie plus ou moins forte et de peu de durée, et ensuite un vent violent du Nord de 6 à 12 heures après l'apparition du phénomène.

19

Une étoile d'observation, très-pâle, semblant donner par moment une clarté plus vive, ayant une auréole a sa circonférence semblable à un brouillard assez léger, pendant que les autres étoiles sont légèrement agitées par des fluctuations sur divers points, indique une combinaison dans l'atmosphère, qui ordinairement se résout en pluie torrentielle, grêle, orage. Son effet est de peu de durée, mais il est violent et des dégâts sont à craindre et arrivent 5 ou 6 jours après l'apparition du phénomène.

20

Si, dans les observations d'été ou d'automne et notamment aux environs du solstice d'été (21 juin) ou des équinoxes d'automne (21 septembre), on aperçoit une étoile de première grandeur prendre une couleur rosée; que cette couleur, pendant les fluctuations, devienne d'un rouge prononcé d'intervalle à autre : on a l'indice d'un météore igné des émanations qui se combinent dans l'atmosphère avec le calorique et l'électricité pour produire des chaleurs étouffantes. C'est pendant et après l'apparition de ces signes que les épidémies ont lieu généralement. Le même signe en hiver présage un temps doux et beau.

21

Lorsque la lune nait, entourée d'aucun cercle nébuleux ou lumineux, mais que son disque semble taché par un brouillard qui en masque et démasque la clarté en le traversant lentement, il faut redoubler d'attention et se rendre compte avec soin de l'opacité des nébulosités que produisent ces effets. Une densité légère donne une pluie légère, tandis qu'une opacité couvrant en entier le disque, présage pluie torrentielle et inondation partielle 6 ou 8 jours après l'apparition.

22

En général les météores aqueux sont annoncés par une grande auréole projetée autour de la lune et qui va s'éclaircissant à l'extérieur jusqu'à se fondre avec le firmament, et quelquefois devient sombre autour de la lune et claire à son extrémité. Si la partie attenant à la lune, c'est-à-dire le cercle intérieur est sombre, il est certain que les pluies seront mêlées de grêle; au contraire, si le cercle intérieur est clair, il tombera beaucoup d'eau sans grêle; si l'extrémité est sombre, c'est-à-dire le cercle extérieur : après la pluie de grands vents nord régneront, et si on est en hiver, un froid intense se fera sentir. En résumé ce phénomène présage une pluie torrentielle accompagnée d'orages violents.

Son effet se produit de 30 à 35 jours après son apparition.

23

Si on voit une brame diaphane ou transparente passer rapidement sur le disque de la lune en laissant apercevoir des taches noires : on a un signe de pluie faible.

24

La lune dans son état naturel et tout autour des rayons presque imperceptibles, projetant une faible clarté à leur extrémité : présagent une pluie abondante avec ou point d'orage.

Effet produit dans la huitaine.

25

La lune complètement couverte d'un brouillard intense, presque immobile, par un temps clair, et présentant son disque comme une plaque d'acier poli : présage pluie forte, des averses, une inondation partielle 6 à 8 jours après l'observation.

26

Si le cercle nébuleux qui entoure la lune est traversé par de faibles rayons lumineux; s'il se présente une partie qui va s'éclaircissant graduellement et rend la partie supérieure éclairée : on a un déluge certain, des pluies torrentielles, avec grêle et orage.

Son effet se produit de 20 à 25 jours après son apparition.

27

Il existe des météores mixtes qui annoncent que le vent doit toujours précéder la pluie. Qu'on se figure une auréole ayant au milieu de sa bande, entre le bord extérieur et intérieur attenant à la lune, une nuance d'un jaune douteux, occupant à peu près le quart de l'ensemble du météore : on doit s'attendre d'abord au vent du Nord, et ensuite à un temps nébuleux suivi de pluie, orage, grêle dans certaines contrées.

Son effet se produit 33 à 40 jours après son apparition.

28

Les étoiles paraissant par un temps calme et brumeux, d'abord sans mouvement, s'agitant ensuite, s'éclipsant peu à peu, devenant presque invisibles, puis reprenant leur clarté ordinaire ou une plus vive· annoncent pluie grande, averse, trombe de 6 à 8 jours après l'observation.

29

Si l'état du ciel est sombre vers le nord, clair vers le sud, que des étoiles donnent une clarté douteuse pendant que d'autres semblent s'éclipser et renaître insensiblement : ce sont des variations atmosphériques qui sont prédites.

Si les étoiles paraissent entourées d'une auréole, c'est pluie torrenticlle, de 8 à 10 jours après l'observation.

30

Si l'horizon est très-couvert par une atmosphère sombre d'un gris ardoise, que cette partie sombre s'éclaircisse insensiblement, en remontant vers le quart de la hauteur du firmament, et soit sillonnée d'éclair, il faut s'attendre au mauvais temps : une tempête est à craindre vers le sud. Si les éclairs sillonnent la partie du sud, l'ouragan aura lieu vers le nord une huitaine de jours après l'observation.

31

Si deux arcs-en-ciel paraissent en même temps — phénomène très-rare — l'un vers l'est, l'autre vers l'ouest : ils présagent pluie faible, temps interrompu, et grand vent du nord 24 heures après l'apparition.

32 — 34

Voici un phénomène qui est de nature à exciter vivement l'attention de l'observateur, par le changement presque subit des nuances qu'il présente. 1° Il se forme un météore ou auréole participant du gris cendré et du jaune principalement vers son bord intérieur attenant à la lune, d'un gris cendré se fondant dans une teinte rouge orange ou jaune douteux à son bord extérieur. 2° Les bords extérieurs ont attiré une masse de nébulosités, l'auréole ressemble par sa forme à un arc-en-ciel d'une seule nuance rouge, orange, fondue et plus ou moins prononcée. 3° Toutes ses nuances disparaissent pour donner au météore une couleur blanchâtre se fondant avec le firmament.

Les effets de ce phénomène sont les suivants : vent d'ouest, pluie, grand vent du nord et tempête dans la huitaine.

35

Les principales étoiles ont une scintillation marquée, et une nuance rouge ; plus cette couleur est dominante, plus il y a intensité de chaleur dans les hautes régions. C'est un présage de chaleurs étouffantes et d'épidémies.

36

Un état de ciel calme, les constellations presque immobiles à l'exception de quelques étoiles de première grandeur, une lune paraissant noyée dans des vapeurs ou nébulosités, ayant à sa circonférence un météore projetant des rayons peu perceptibles : désignent un temps pluvieux, inconstant.

37

Si le ciel est couvert en partie, que la scintillation soit généralement peu animée, qu'il n'y ait d'agitation qu'aux étoiles principales, qui sont dans la partie Est : le vent sud ou sud-est et le temps pluvieux arriveront bientôt.

38 — 40

Une lune claire bien dessinée, brillante, par un ciel calme : présage dans toutes les saisons, et quelles que soient les phases où elle se trouve, un beau temps fixe.

41

Etoile d'observation terne, blafarde, mal définie, immobile, l'état du ciel calme peu animée vers l'est : vent du midi, pluie.

42

Etat du ciel calme, mais couvert en partie par une brume foncée, pas de mouvement dans les constellations, auréole blanchâtre noyée entre des nuages brumeux, qui empêchent de distinguer le phénomène : vent sud et pluie dans la journée ; vent du nord et froid ensuite.

44

Si un météore se présente sombre autour de la lune ou d'une étoile principale ; s'il n'y a aucune teinte aérienne rouge, orange plus ou moins foncée, on a la certitude d'un phénomène aqueux, qui produira outre la pluie, de la grèle.

Son effet se fera sentir une quinzaine de jours après son apparition ; que si le sombre, au contraire, est intercalé plus ou moins de nuances aériennes, c'est-à-dire rouge au jaune : ce sera du vent nord avec froid et temps couvert.

45

Si l'on aperçoit autour de la lune une auréole assez tranchée, apparente, beaucoup plus blanche que le fond, tel que la figure du N° 45 de la carte, on aura un temps pluvieux le lendemain.

46

A l'approche d'un temps pluvieux le ciel devient sombre, la scintillation très-lente ; et parfois il n'y a de mouvements que dans les étoiles principales.

50

Si un arc-en-ciel se présente à diverses reprises dans la journée et pendant plusieurs jours consécutifs, il règnera une incertitude dans l'atmosphère ; mais après un temps interrompu la pluie prévaudra.

51

Pour connaître la direction du vent par un temps calme, il faut examiner l'étoile qui est la plus agitée par des fluctuations d'intervalle à intervalle ; si elle n'a pas passé au méridien elle présage le vent du midi ; si elle a passé le méridien, le vent du nord. Lorsque les étoiles sont animées vers le nord, le temps serait-il calme, le vent du nord prévaudra. On peut encore tirer le soir un pronostic de l'étoile polaire : si elle paraît légèrement animée, il y a certitude de vent nord; si, au contraire, elle a une animation vive , c'est un présage de grande tempête.

52

Si, par un temps calme, la scintillation est faible, avec une légère auréole autour de l'étoile d'observation ; si on l'apeçoit dans une partie sombre : on aura du brouillard, grand vend du nord et froid.

53

Par un ciel calme et une scintillation légèrement agitée, si l'on aperçoit une auréole blanchâtre, attenante à la lune avec une légère teinte rouge, orange, surmontée d'un grand cercle peu apparent, se fondant avec le firmament à une grande distance de la lune : on doit attendre un temps couvert et grand vend du nord.

L'explication de ce météore est donnée dans le résumé du phénomène portant N° 8.

54

Voir le N° 8.

55

Une auréole avec des rayons s'allongeant à une grande distance de la lune est un signe de pluies plus ou moins forte. Si l'intensité des météores augmente, la pluie sera très-forte, il y aura même tendance à des pluies torrentielles, à des inondations ; si, au contraire, on aperçoit une teinte rosée dans une partie du phénomène : des vents du nord s'élèveront et seront suivis du beau temps.

56

Temps calme, l'étoile d'observation très-agitée brillante, dansante, d'une animation extraordinaire, projetant comme de vives étincelles sur son fond ressemblant à une plaque argentée : Grande tempête, ouragan, 2 ou 3 jours après.

57

Etoile d'observation entourée d'un cercle blanchâtre, semblable à un brouillard ne tenant que la partie extérieure de l'étoile : temps nuageux, froid vif, et vent du nord, atmosphère basse et sombre, portant à la névralgie, au malaise.

58

Si l'étoile d'observation est claire, bien dessinée, projetant des rayons sur une partie du firmament, au sud ou au nord par une température élevée : on a un signe certain que le vent nord sera de durée.

59

Au contraire, une étoile blafarde, terne, tandis que les autres constellations semblent être animées sur divers points : présage pluie faible, temps nuageux, vent nord. L'étoile polaire très-agitée devient un présage de gros temps et tempêtes.

60

Un état de ciel calme, des étoiles sans moumouvement, et semblables à une plaque d'acier poli : présagent temps nuageux, brouillards, et vent du nord très-froid ensuite.

Généralement les météores aériens, ainsi qu'une scintillation marquée, produisent leurs effets dans un intervalle assez court. Les grands vents du nord et tempête se déclarent deux ou trois jours après l'observation.

Si les cornes du croissant de la nouvelle lune, au quatrième jour, sont éclairées, bien terminées : le temps sera beau pendant 15 jours.

Si elles sont obscures, sombres : le temps changera ; la pluie arrivera quatre jours après.

C'est quelque chose, ce me semble, d'avoir donné des conjectures qui, appuyées en grande partie sur la théorie et sur l'analogie, et déduites de l'observation éclairée, devraient passer pour probables ; du moins ne seront-elles pas regardées comme chimériques, et comme mal déduites des principes posés, et pourront-elles servir de signaux et de points d'appui pour l'observation. D'autres physiciens plus habiles, plus heureux, ou mieux pourvus d'observations, pourront perfectionner ces vues : j'aurai, du moins, ouvert une voie à des recherches nouvelles ; j'aurai donné des faits et des résultats, quels qu'ils soient, qui ne s'étaient pas offerts aux recherches des physiciens.

J'ajoute que si les observations se multiplient ; si elles étaient régulières, si elles avaient lieu sur plusieurs points à la fois, il suffirait peut-être de les recueillir, de les comparer pour en tirer des règles sûres sur la prévision du temps, et faire ainsi de la météorologie, dont les données ont été si incertaines jusqu'ici, une science naturelle des plus utiles.

DE LA SCINTILLATION.

C'est par la connaissance pratique des signes apparents que l'on parvient à prévoir les modifications ou changements dans la température ; ainsi la scintillation et ses variantes concourent, avec les météores, à préciser les changements qui vont s'opérer, comme chaleur, froid, calme, vent, tempête, pluie, grêles, neige, etc.

1° Si la scintillation est terne, inanimée, tant aux étoiles inférieures que vers celles de première grandeur, on peut s'attendre à des pluies plus ou moins fortes si aucun météore n'est en présence. Mais la présence d'un phénomène aqueux, lorsque les étoiles semblent s'éclipser et renaître insensiblement, donne à la remarque le caractère de très-fortes pluies.

2° Le ciel étant calme, à l'exception des étoiles de première grandeur, ayant un mouvement faible semblable à des fluctuations, il faut examiner celles dont l'animation est la plus forte et en même temps si elles ont passé au méridien. Si elle est vers l'est ou sud-est, le vent du midi prévaudra ; si, au contraire, l'étoile a dépassé la ligne du méridien, qu'elle soit vers le sud-ouest ou vers l'ouest, on peut s'attendre à des vents du nord ou nord-ouest.

3° Par un ciel serein et les constellations en général animées, il y a signe de vent du nord de durée ; s'il y a calme dans le firmament, et que les premières grandeurs soient très-agitées, ayant un mouvement vacillant très-prononcé : vent du nord très-fort.

4° Pour reconnaître l'approche des tempêtes, il faut bien observer les étoiles de première grandeur. Le ciel serait-il calme, si en contemplant l'ensemble du firmament, une partie de ses étoiles ont une animation extraordinaire : quelque tempête aura lieu dans la huitaine. Dans ces observations, l'étoile polaire prend le caractère des effets dominants ; ainsi, le calme devant avoir lieu, l'étoile est immobile ; par un temps devant devenir venteux : elle s'agite ; et pour reconnaître l'approche des tempêtes, on doit examiner si elle a une animation brillante, dansante, etc.

5° Lorsque la scintillation est assez animée sur divers points du firmament, et que les étoiles inférieures semblent s'éclipser d'une manière incertaine, par un temps calme, on peut s'attendre à des vents du nord assez froids, dont la force est en rapport de la scintillation et de la disparition des étoiles.

6° Pour reconnaître l'étoile polaire, il faut fixer le style ou aiguille d'un cadran solaire, dans toute sa longueur en suivant son obliquité : cette direction prolongée conduit directement à la connaissance de l'étoile polaire.

Aphorisme météorologiques selon Toaldo.

I. Quand la lune se trouve en conjonctions, en opposition, ou en quadrature avec le soleil, ou dans l'un de ses apsides, ou dans l'un des quatre points cardinaux du zodiaque, il est *probable* qu'elle produit une altération sensible dans l'atmosphère, et un changement de temps.

II. Les points lunaires les plus *efficaces*, sont les sizygies et les apsides.

III. Les combinaisons des sizygies et des apsides sont très-efficaces ; celle de la nouvelle lune avec le périgée porte une certitude morale d'une grande perturbation.

IV. Les autres points subalternes acquièrent aussi une grande force par leur copulation avec les apsides.

V. Les nouvelles et les pleines lunes, qui quelquefois ne changent pas le temps, sont celles qui se trouvent loin des apsides.

VI. On doit observer aussi les quatrièmes jours, tant avant qu'après les nouvelles et les pleines lunes.

VII. On doit encore observer *le quatrième jour de la lune* que Virgile appelle *prophête très-sûr*. Si les cornes de la lune sont claires et bien terminées ce jour-là, c'est un signe que l'atmosphère ne contient pas des vapeurs en masse ;

d'où l'on peut conjecturer que le temps sera beau jusqu'au quatrième jour avant la pleine lune, quelquefois même pendant tout le mois; on doit craindre le contraire, si les cornes sont obscures et sombres.

VIII. Un point lunaire change ordinairement l'état du ciel, produit par le point précédent; on peut dire, du moins, que le temps ne change le plus souvent que par un point lunaire.

IX. Les apogées, les quadratures, les lunistices méridionaux amènent ordinairement le beau temps, car le Baromètre monte alors; les autres points *tendent* à rendre l'air plus léger, aident la chute des vapeurs, et causent par là le mauvais temps.

X. Les points lunaires les plus efficaces, c'est-à-dire, les nouvelles et les pleines lunes, les apogées, et surtout les périgées et leur concours, deviennent orageux vers les équinoxes et les solstices.

XI. Le changement de temps arrive rarement dans le même jour, même d'un point lunaire; tantôt il le devance, tantôt il le suit.

XII. En général, pendant les six mois de l'hiver, les altérations des marées et de l'air anticipent, sont plus fortes, sans doute, à cause du périgée du soleil qui le rapproche de la terre d'environ un million de milles. Dans les six mois d'été, au contraire, les marées sont moindres et retardent de même que les changements de temps.

XIII. Dans les nouvelles et pleines lunes, vers les équinoxes, et même vers les solstices [celui d'hiver principalement] le temps *se détermine* ordinairement pour trois ou même pour six mois, au beau ou au mauvais.

XIV. Les saisons, les marées et les années paraissent avoir une période de huit à neuf ans, correspondante à la révolution des apsides lunaires, une autre de dix-huit ou de dix-neuf, et d'autres multiples.

XV. Il y a même une période de quatre à cinq ans, et ces quatrièmes ou cinquièmes années sont sujettes aux intempéries.

XVI. Les pluies et les vents commencent ou finissent à peu près à l'heure du lever ou du coucher de la lune, ou à celle de son passsage au méridien, soit supérieur, soit inférieur, c'est-à-dire, à l'heure que la marée commence à monter ou à descendre *dans ce pays.*

XVII. Il pleut beaucoup plus de jour que de nuit, et plus souvent le soir que le matin.

XVIII. Les ouragans, les orages, les grèles, viennent d'ordinaire par un quart de vent de l'ouest ; cela est connu, même aux Antilles : j'ai vu cependant des ouragans venant de l'est ; mais il faut remarquer que c'était dans les heures du matin. Je crois qu'il est plus vrai de dire que les orages viennent du côté de l'horison où se trouve le soleil.

XIX. Il me semble qu'on peut observer, en général, que les orages d'été, qui sont sans vent, n'apportent guère la grêle, mais plutôt des tonnerres ; au contraire, les orages accompagnés de vent, donnent peu de tonnerre, mais bien plus souvent de la grêle, dont les grains grossissent à raison de la violence du vent, et sont plus rares à proportion de leur grosseur.

Je crois qu'il convient d'ajouter ici quelques autres indices sur le temps que l'observation parait avoir admis.

XX. *Ni beau temps fait de nuit, ni nuage d'été ne durent guère.*

C'est un proverbe ; *Et un vent levé de nuit dure peu.*

XXI. Les mouvements du Baromètre bien observés dans chaque pays, et combinés avec l'observation des vents et des autres signes connus, donnent des indices presque sûrs de changement de temps.

XXII. Un mouvement lent dans le Baromètre, indique une longue durée dans la constitution actuelle de l'atmosphère ; un mouvement brusque et comme par saut, indique un temps qui dure très-peu ; dans ce cas, même en montant, il annonce le mauvais temps. Je ne m'étendrai pas sur cet article qui serait trop long : j'omets à dessein, de parler des signes nombreux de beau ou de mauvais temps, que fournissent le soleil, la lune , les étoiles , les nuages , les montagnes , les oiseaux et les animaux, et plusieurs autres objets que nous avons devant les yeux ; on les trouvera dans Aratus , dans Virgile , dans les vieux livres de navigation et d'agriculture. Ces signes sont connus de la plupart des hommes ; peut-être le sont-ils plus des matelots et des bouviers que des philosophes ; ils mériteraient cependant d'être examinés en particulier avec les lumières de la bonne physique. Je rapporterai seulement ici certains indices généraux sur les saisons, qui sont appuyés sur l'autorité de quelques graves écrivains en agriculture.

XXIII. Un automne humide avec un hiver doux, est suivi d'ordinaire d'un printemps sec et froid qui retarde beaucoup la végétation.

XXIV. Au contraire, si l'hiver est sec, le printemps sera humide ; à un printemps et un été humide succède un automne serein ; et à un automne serein , un printemps humide ; en un mot, les saisons ont alternativement une constitution différente, et se compensent entr'elles.

XXV. Si les feuilles tardent à tomber en automne, elles annoncent un hiver rude et âpre , apparemment parce que les vents du sud ont dominé dans un automne humide et prolongé ; d'où il suit que l'on doit s'attendre à voir le vent du nord dominer à son tour dans l'hiver, et amener un froid d'autant plus vif, que l'automne à été plus humide. Lorsqu'il y a abondance de graines dans l'épine-blanche et dans la rose canine, on est menacé d'un hiver rigoureux ; car c'est aussi un indice que l'été a été fort humide et peu chaud.

XXVI. Si les grues et les autres oiseaux de passage passent de bonne heure en automne, cela annonce un hiver très-froid ; car c'est un signe que le froid a déjà *pris pied* dans les pays septentrionaux.

XXVII. S'il tonne en novembre et décembre, le peuple croit que l'on aura encore le beau temps ; mais s'il tonne de bonne heure, avant que les arbres poussent des feuilles au printemps, on doit toujours attendre un retour de froid. S'il tonne au mois de janvier, les gelées du mois d'avril et de mai suivant causeront de grands dommages.

FIN.

TABLE DES MATIÈRES.

page

Avant-propos. jjj

CHAPITRE 1er. *Notions astronomiques et météorologiques.* 7

CHAPIRRE 2me. *Signes du temps vulgairement connus.* 26

CHAPITRE 3me. *Systèmes divers sur la prescience du temps.* 36

CHAPITRE 4me. *Mon Système.* 41

La Scintillation. 61

Aphorismes météorologiques selon Toaldo. 63

www.ingramcontent.com/pod-product-compliance
Lightning Source LLC
LaVergne TN
LVHW020042170826
845678LV00001B/393
* 9 7 8 2 3 2 9 6 9 3 5 3 8 *